RÉFLEXIONS

SUR

LA PRODUCTION ET LA POPULATION DES BESTIAUX EN FRANCE,

Sur la valeur de la substance nutritive qu'ils produisent, etc., sur l'influence de l'agriculture et de la température sur leurs divers produits sur les intérêts de l'agriculture et de la consommation, et sur les dangers que présente le système d'adjudication au rabais des alimens de première nécessité, qui se consomment annuellement dans les hôpitaux, etc., système qui s'introduit jusque dans la maison du Roi;

Présentées à Son Excellence Monseigneur le Ministre de l'Intérieur, le 28 juin 1825,

PAR P.-H. PINTEUX,

ANCIEN BOUCHER, ANCIEN SYNDIC DE LA BOUCHERIE DE PARIS, DEMEURANT A WISSOUS, ARRONDISSEMENT DE CORBEIL, DÉPARTEMENT DE SEINE-ET-OISE.

PARIS.
IMPRIMERIE STÉRÉOTYPE DE L.-É. HERHAN,

Rue du Petit-Bourbon-Saint-Sulpice, nº 18.

1826.

RÉFLEXIONS

Sur la production et la population des Bestiaux en France ;

Présentées à S. Exc. Monseigneur le Ministre de l'Intérieur, le 28 juin 1825.

MONSEIGNEUR,

LE Sieur PINTEUX, ancien Syndic du commerce de la Boucherie de Paris, a l'honneur de soumettre à Votre Excellence quelques Réflexions sur le danger qui résulte de mettre annuellement en adjudication au rabais la fourniture des viandes de boucherie destinées à la consommation des hospices civils de la capitale.

Cet Exposé est l'ouvrage d'un homme qui possède à fond les connaissances pratiques de son état, mais non pas celles qui sont nécessaires pour bien écrire. Je supplie donc Votre Excellence de vouloir bien m'accorder son indulgence pour ce qui pourrait m'échapper d'inconvenant. Mon désir sincère est de n'offenser personne, mais d'être utile à tous.

Né de parens qui aux travaux de l'agriculture joignaient le commerce des bestiaux, celui des engrais et de la boucherie, j'ai commencé fort jeune mon état de boucher. J'avais le plus grand désir de l'exercer à Paris, ce qui m'est arrivé. Je m'y suis établi, et j'ai été par conséquent à même de me perfectionner, autant que j'en étais capable, dans les connaissances pratiques de cette profession. Nommé membre du bureau de la boucherie de Paris, et syndic de ce commerce, j'en ai rempli les fonctions pendant plusieurs années, et ne les ai cessées que lorsque j'ai quitté le commerce en 1823.

Je n'ai, Monseigneur, aucun intérêt personnel qui me fasse agir. Mon seul but est de provoquer quelques améliorations dans le régime des hospices à l'égard des pauvres malades, et de signaler les vices de ce système d'adjudication au rabais qui s'est introduit jusque dans la fourniture de la viande à la maison du Roi.

DE LA PRODUCTION.

J'ai mes idées fixes sur la production de la terre. Je ne me flatte point qu'elles soient toutes approuvées, mais je les présente comme étant le fruit d'une longue expérience; et c'est ainsi que je les soumets au jugement des personnes éclairées.

Suivant moi, la terre contient dans son sein, et présente à sa surface, chaque année, la substance nutritive à tous, et pour tout ce qui la couvre. Les plantes, les céréales, les fruits, les bestiaux, nous donnent celle dont nous avons besoin pour soutenir notre faible existence. Nous ne pourrions donc vivre sans le secours de la production (1). Il faut des alimens à tous; les uns en consomment plus que les autres, suivant l'espèce de l'individu, sa constitution, la nature de son travail, et la fatigue qu'il éprouve; et qui, épuisant assez promptement les secours qu'il a reçus de cette nourriture, l'oblige à y recourir plus ou moins souvent, selon qu'elle est plus ou moins substantielle.

Ceux qui peuvent choisir leurs alimens préfèrent ceux qui contiennent le plus de substance nutritive. Aussi n'ont-ils pas besoin, pour se nourrir, d'absorber la même quantité en nombre et en poids : car il est constant que l'on trouve dans *deux* livres d'alimens d'un bon choix, plus de substance que dans *quatre* livres de ceux qui en contiennent peu. En faisant usage de ces derniers, dont la digestion est souvent fatigante, on peut avoir beaucoup absorbé sans s'être nourri.

J'estime que les alimens les plus substantiels sont ceux que donnent les viandes en général, et notamment les viandes de boucherie provenant des bestiaux les plus âgés.

---

(1) Je ne parle point de la portion vitale de nourriture que les plantes etc. reçoivent de l'air et de la lumière; ces deux élémens sont une des conditions de la vie. Ils contribuent à donner plus ou moins de qualité à la substance et au produit; mais j'estime que la plante etc. qui ne recevrait que cette nourriture ne comporterait pas de nutritivité transmissible, dont les bestiaux puissent profiter.

S'il se fait une grande consommation de viande, il sera moins consommé des autres alimens, il en restera en réserve; si les viandes sont chères, il se fera des économies de cette denrée, et il sera consommé une plus grande quantité des autres alimens.

La consommation est immuable dans ses besoins; il lui faut la substance nutritive dont elle ne peut se passer : elle ne peut rien au-delà. Le surplus de la production sera réservé.

Quant à la production, c'est autre chose : c'est l'ouvrage de celui qui a tout créé; elle est variable, souvent très-abondante et peu substantielle. Dans les années d'abondance, la consommation est condamnée à absorber une plus grande quantité d'alimens, pour obtenir la portion de substance dont elle a besoin.

La substance de la terre est une et invariable ; elle ne peut être forcée par le génie des hommes. Si, par ses soins, l'agriculture, qui consiste à cultiver en temps et saison, et à choisir avec discernement et une étude suivie, les plantes qui conviennent le mieux à la nature du sol, parvient à obtenir et à extraire de la terre la substance qu'elle offre annuellement, l'agriculture a fait tout ce que l'on peut attendre d'elle.

Si la production manque, c'est au gouvernement à veiller aux intérêts de la consommation, et à ses besoins ; et, s'il n'y a point de réserve, à se pourvoir au-dehors.

Si au contraire la consommation ne peut absorber ce que donne la production, c'est encore au gouvernement à trouver l'écoulement de l'excédant, mais de manière que l'agriculture et la consommation n'en souffrent point. Je pense qu'il est facile au gouvernement de se faire rendre un compte fidèle de la situation de ces deux grands mobiles de la prospérité publique.

DE L'INFLUENCE DE L'AGRICULTURE ET DE L'ENGRAIS DES TERRES RELATIVEMENT AU BÉTAIL.

L'engrais des terres est fort estimé de l'agriculture. Il rend certainement de grands services; mais il profite plus à l'agriculteur qu'à la qualité des produits.

Le commerce, l'agriculture, et tous les genres d'industrie relatifs aux besoins de la vie animale, se composent de deux mobiles très-actifs, celui de la consommation et celui de l'intérêt privé, qui lui est particulièrement soumis. Il serait à désirer que le premier fût préféré à l'autre sous le rapport des subsistances de première nécessité; car la vie, la santé, ne s'achètent pas, et l'on ne peut prendre trop de précautions pour conserver l'une et l'autre.

L'engrais et son influence sur le bétail réagissent sur toutes les productions.

Je n'apprendrai sans doute rien de fort intéressant. D'autres, plus instruits que moi, ont traité ou traiteront ce sujet mieux que je ne saurais le faire; mais enfin j'ai appris ce que je sais, non dans les livres, mais dans la pratique, mais en étudiant les bestiaux eux-mêmes, à qui la nature a donné un instinct admirable pour choisir les plantes qui conviennent à leur nourriture, à leurs forces, à leur santé. J'ai examiné aussi très attentivement les bestiaux après leur mort, et l'expérience m'a donné les résultats suivans.

Si l'engrais est considéré comme fort utile, je soutiendrai pourtant qu'il ne convient point aux animaux, quoique l'herbe soit beaucoup plus abondante sur les terres engraissés que sur celles qui n'ont point reçu d'engrais. Si le bétail a la liberté de choisir, il donnera la préférence à ces dernières, encore bien qu'elles produisent beaucoup moins d'herbe. S'il arrivait que quelques bestiaux restassent sur la terre où l'herbe serait plus abondante en raison de l'engrais qu'elle aurait reçu, ce seraient les jeunes bestiaux qui sont encore loin d'avoir atteint le période de leur accroissement et qui sont pourvus d'un appétit qui les empêche de choisir les alimens qui leur conviendraient mieux. Ce n'est qu'à une certaine époque de leur âge, qu'il faut les étudier pour pouvoir préjuger de leur qualité et de leur produit dans un âge plus avancé. Si dans les bestiaux en général, il s'en trouve qui soient attaqués de maladie ou de quelque vice dans leur constitution, il n'est pas difficile de les reconnaître à leur démarche. Ils sont ordinairement incertains, tristes et capricieux.

On pourrait croire que l'herbe produite par l'engrais porte avec elle l'odeur du fumier, et que c'est cette odeur qui dégoûte le bétail, et l'empêche de prendre cette nourriture qui, en raison de son abondance, devrait fixer son choix.

Mais cette odeur de l'engrais n'agit que peu ou point sur les bestiaux; les véritables causes de leur répugnance pour cette herbe, les voici.

L'engrais aide à la végétation, c'est son plus grand mérite. Il donne beaucoup plus d'extension aux plantes, en produit une plus grande quantité; mais ces plantes ne peuvent et ne pourront jameis obtenir de la terre plus de substance qu'elle n'en offre chaque année. En conséquence, plus l'herbe est abondante, moins elle est nourrissante, parce que sa substance se trouve répartie dans une proportion plus étendue relativement à la quantité; elle est moins apéritive, parce que les sucs en sont moins rapprochés, et se font moins sentir que dans les plantes que la terre non engraissé produit en moins grande abondance. Ces dernières, qui sont produites naturellement, sont plus substantielles, contiennent une très-faible portion d'eau; les sucs en sont plus multipliés, et par conséquent sont plus faciles à digérer pour le bétail, indépendamment de l'odeur assez marquée qu'elles exhalent et qui l'attire.

Le bétail qui aura vécu sur la terre engraissée sera plus lourd, moins propre à la fatigue, n'engraissera point ou peu, et plus difficilement, et, à un âge égal, il périclitera plus tôt que celui qui aura été nourri sur une terre sans engrais. Ce dernier, au contraire, quoique d'un volume souvent moins apparent, aura plus de poids, sera plus agile, supportera beaucoup mieux les fatigues, les privations, l'intempérie des saisons, et nous transmettra une viande substantielle, plus solide et bien plus abondante, dont les effets salutaires se feront sentir à la consommation.

S'il était possible de douter de ce que je viens d'avancer, il serait facile d'en obtenir la preuve.

Ainsi que je l'ai dit plus haut, l'engrais a le principal mérite de provoquer par sa chaleur la végétation et l'accroissement en nombre et non en réalité des produits de la terre; il n'en augmente la substance que de la portion qu'il contient lui-même : à la vérité, c'est un avantage.

S'il produit une augmentation de quantité, les cultivateurs en général ont grand intérêt à s'en servir, car l'on fera toujours plus d'argent de quatre sacs de blé que de trois. Le bon blé, qui se récolte aujourd'hui dans ce que l'on appelle les mauvaises terres qui n'ont pas été fumées, ne se vend pas un quart plus cher que le mauvais blé produit dans les bonnes terres de première classe qui ont reçu beaucoup d'engrais (1). Mais les meuniers et les boulangers ne s'y trompent pas; ils jugent à la vue de ce grain de la culture et de la qualité des terres d'où il provient; et c'est parce qu'ils en ont fait l'expérience, qu'ils paient le premier plus cher que le second.

J'ai dit également que l'engrais était plus profitable au cultivateur qu'au consommateur, et je viens de démontrer cette vérité incontestable en ce qui concerne les bestiaux.

Depuis la révolution surtout, l'agriculture a fait de grands progrès. On croit communément que la science de cultiver est portée au dernier degré de perfection. Cela est possible, et je me donnerai de garde de contester le fait. Je sais qu'il s'est opéré un grand nombre d'innovations qui ont produit de grands changemens. Nos pères laissaient le tiers de leur terrain en jachère; aujourd'hui la terre n'a point de repos : il faut qu'elle produise tous les ans. Beaucoup de gens ont même trouvé le moyen de faire deux récoltes dans l'année. Tout cela sans doute est fort avantageux pour le producteur; mais je n'en demeure pas moins persuadé que la production d'aujourd'hui est loin de posséder le secret de nous donner les choses aussi bonnes et aussi excellentes qu'autrefois, pour la conservation et la nourriture de l'homme.

---

(1) Il est presque inutile de dire que les terres que l'on nomme de première classe sont ordinairement celles qui possèdent à leur surface la plus grande quantité de terre végétale, et par conséquent qui peuvent recevoir le plus d'engrais; le sol qui en possède le moins ne peut supporter beaucoup d'engrais, car les plantes périraient aux premières chaleurs.

DU BÉTAIL DE DIVERSES ESPÈCES, ET DE LA SUBSTANCE NUTRITIVE QU'IL PRODUIT.

Avant 1789, le bétail, cette branche précieuse de l'agriculture, avait généralement une marche régulière. Si, dans les innovations qui se sont introduites depuis, les unes ont donné quelques bons résultats, il en est d'autres qui ont produit de très-mauvais effets sous le rapport de la nourriture, et par conséquent de la santé publique.

Les propagateurs des diverses espèces de bétail, c'est-à-dire ceux qui, par leur position, font des élèves, prenaient, avant la révolution, pour couvrir les vaches et les brebis, les plus beaux taureaux comme les plus beaux béliers de leur pays, et, par ce moyen, conservaient le bétail dans la pureté de la race et de sa nature, ce qui influait beaucoup sur sa bonne constitution, et ne pouvait manquer de donner une substance excellente et très-nutritive à la consommation. Il n'arrivait presque jamais d'aller prendre dans les provinces voisines, et encore moins à l'étranger, des taureaux et des béliers pour améliorer l'espèce; et en cela on faisait d'autant mieux que l'on évitait que le bétail ne dégénérât. Ceux qui font des élèves trouvaient aussi plus de facilité pour le vendre *maigre*, parce que, plus l'espèce est pure, plus elle est recherchée pour mettre à l'engrais par ceux qui se livrent à cette profession. Il n'est peut-être pas inutile de faire observer que les pays où se font les élèves ne sont presque jamais ceux où l'on engraisse les bestiaux.

Je dirai de plus que l'intérêt de ceux qui font le commerce d'engraisser les bestiaux est en opposition directe avec ceux qui propagent et entretiennent la population du bétail en France pour les travaux et les besoins de l'agriculture. Ces derniers, dont le nombre est considérable, méritent d'être encouragés et protégés. La consommation en général y est intéressée.

Je crois que les besoins de la population et de la reproduction du bétail en France ne sont pas bien connus. La France sous ce rapport ne peut être comparée aux autres pays.

Des magistrats administrateurs chargés de veiller aux intérêts de la consommation, et notamment à l'approvisionnement de la capitale, m'ont dit, au sujet des réglemens concernant le commerce des viandes de boucherie à Paris : « La consommation n'a » rien à redouter, la production est là et pourvoira à tous ses besoins. » Si les viandes sont chères, l'on élèvera un plus grand nombre » de bestiaux, etc. »

Ce raisonnement paraîtra juste aux yeux du plus grand nombre. J'atteste cependant qu'il est dépourvu de tout fondement, et je vais le démontrer, afin d'éclairer la religion du gouvernement sur un système qui pourrait l'abuser, s'il était appuyé de quelques plaintes résultant d'intérêts particuliers et purement locaux (1).

Les bestiaux en France ne sont pas élevés pour produire uniquement des viandes; ceux qui feraient de telles spéculations, en donnant de mauvais produits à la consommation, y trouveraient rarement du bénéfice.

Voici des faits que je crois irrécusables sous le rapport du contact des intérêts particuliers et de ceux de la consommation.

On sait que les bœufs et vaches sont des animaux domestiques dont l'agriculture a le plus grand besoin pour ses travaux, et dont

---

(1) Des plaintes adressées à l'autorité ont pu lui faire croire que l'état de malaise de l'agriculture provenait en partie du bas prix des bestiaux, et particulièrement du trop petit nombre de bouchers à Paris.

Je le demande. Que peut faire aux intérêts de la production que le pain qui se consomme à Paris soit préparé et débité par 500 ou 1200 boulangers, que les quinze cents bœufs qui se consomment par semaine soient préparés et vendus par 300 ou par 1000 bouchers? Les besoins de la consommation seront toujours les mêmes, rien ne peut les accroître ni les diminuer. L'on aura donc augmenté les charges du consommateur de sept cents établissemens de plus, qu'il aura à entretenir et à payer pour les mêmes travaux. Avant la révolution, la consommation des viandes avec une population moindre était pour ainsi dire aussi forte qu'aujourd'hui; il n'y avait à Paris que trois cents étaux à boucherie exploités par deux cent cinquante à deux cent quatre-vingts bouchers; la production et la consommation n'ont eu lieu que d'en être satisfaites.

Les causes des souffrances de l'agriculture proviennent de principes bien connus et tout-à-fait étrangers au nombre de bouchers et des boulangers à Paris.

n ne pourrait se passer ; les premiers sont élevés et employés à la ulture ainsi qu'au transport des productions, etc. ; les secondes our produire du laitage, etc.

Ceux des bœufs qui sont trop vieux pour supporter les travaux le la campagne sont vendus chaque année, et remplacés par un nême nombre, que l'on a soin d'élever en temps utile, et jamais audelà des besoins.

Si l'année est abondante en pâturages, que tous les moyens d'engrais soient bon marché, comme cela arrive depuis plusieurs anées, les bœufs gras ne seront pas chers, parce que le nombre des estiaux engraissés excèdera les besoins de la consommation. Au ontraire, le prix des bœufs maigres sera en proportion beaucoup lus élevé, parce qu'ils seront très-recherchés par ceux qui font le ommerce d'engraisser, pour absorber leurs productions d'engrais.

Cette abondance de bœufs gras est nuisible à ces derniers, tandis que la consommation qui ne varie que faiblement en profite ainsi que ceux qui élèvent et vendent les bœufs maigres.

Si l'année suivante est aride, les moyens d'engrais seront plus ares ; il sera mis alors beaucoup moins de bestiaux à l'engrais, ce qui pourra ne pas répondre aux besoins de la consommation ; alors es viandes seront fort chères, malgré la grande population du béail, parce que la rareté des bœufs gras les fera monter à des prix exorbitans. Les bœufs maigres au contraire seront moins recherchés, parconséquent coûteront moins, et beaucoup resteront invendus. Ici il n'y a que celui qui fait le commerce d'engraisser qui profite et qui s'enrichit, tandis que la consommation en souffre, ainsi que ceux qui élèvent les bestiaux et qui ne peuvent trouver le placement de ceux de leurs bœufs qui sont trop vieux pour continuer leurs travaux. Cette dernière circonstance qui les ruine ne peut les encourager à en élever un plus grand nombre, encore bien que les viandes soient à des prix extrêmement élevés.

La population des vaches est assez considérable en France; elles sont encore élevées absolument dans l'intérêt de l'agriculture, nullement dans le but de produire de la viande. Au contraire, dans les pays où l'on fait le commerce de beurre, de fromage, etc.; dans le département de la Seine, de Seine-et-Oise, etc., où l'on fait le commerce de laitage pour l'approvisionnement de Paris, les veaux sont souvent détruits en naissant ou soustraits à la mère, et vendus après quelques jours de nourriture (excepté quelques localités où l'on fait le commerce d'engraisser des veaux pour l'approvisionnement de Paris). Quoique la viande de ce bétail soit chère, on n'a point d'interêt à le nourrir pour qu'il en produise.

Lorsque le propriétaire aperçoit dans ses écuries ou pâturages une vache qui a des dispositions à engraisser, il regrette d'être obligé d'en continuer l'engrais pour la livrer ensuite à la boucherie. Cette circonstance est toujours onéreuse pour lui, et cela est si vrai que cette année les jeunes vaches de deux à quatre ans, que l'on appelle génisses, se vendaient de 12 à 14 sous la livre dans les foires et marchés du département de la Seine et de Seine-et-Oise, tandis que les bœufs de six à dix ans se vendaient de 7 à 10 sous à Sceaux et à Poissy. On voit, d'après ces détails, que l'agriculture n'entretient la population du bétail que pour ses véritables besoins sans aucun égard pour ceux de la consommation.

Il serait peut-être plus vrai de dire que la consommation de la viande est et sera toujours en France subordonnée à la production que de dire que la production pourvoira à tous les besoins de la consommation. Cela est si vrai que, dans certaines circonstances le gouvernement a fait d'assez grands sacrifices pour l'importation de bestiaux étrangers en France.

Les bestiaux qui fournissent au commerce de la boucherie sont les bœufs, les vaches, les veaux, les taureaux, les moutons, les brebis les beliers.

J'aurais pu dire seulement les bœufs et les moutons, car le tout résulte de ces deux espèces. Il n'eût peut-être pas été inutile d'ajouter à ce dénombrement les pays ou les provinces qui produisent ces animaux, *premièrement* comme élèves, et ceux qui les vendent engraissés, parce que l'engrais d'un pays ne donne pas les mêmes résultats que celui de telle ou telle autre province. La différence en est souvent très-grande. Deuxièmement, c'est que l'opération de couper les mâles, qui fait du veau un bœuf, et de l'agneau un mouton, ne se fait pas de la même manière dans tous les pays. Cette variété dans l'opération qui les rend plus ou moins francs es 'une grande influence sur la valeur de la substance de l'animal.

Les viandes de vache et de brebis sont de leur nature fort inférieures à celles du bœuf et du mouton. Cependant elles sont agréables et souvent les plus faciles à manger, si elles ont été convenablement engraissés. Celles du taureau et du bélier sont dures et peu nourrissantes; elles produisent une grande chaleur. Les cuirs, es suifs, et tout ce qui provient de ces divers animaux, sont d'une qualité très-variée. Ces différences tiennent à des causes qu'il serait trop long de développer ici.

J'ai dit qu'avant la révolution le consommateur trouvait dans nos bestiaux une nourriture très-saine et très-abondante; par conséquent ses intérêts étaient très-bien ménagés. Mais après 1789 des innovations de tout genre se sont introduites. Celles concernant le commerce de bestiaux ont eu pour cause principale les désordres survenus dans le commerce de la boucherie, c'est-à-dire à la suite de la suppression du système réglementaire auquel il était assujéti depuis des siècles. Le gaspillage de cette précieuse denrée en a bientôt occasioné la disette. C'est à compter de cette époque que l'agriculture a perdu ses belles espèces, et que les besoins de la consommation ont enlevé les plus gros bestiaux qui produisaient aussi le plus d'argent; et après avoir pris tous les taureaux, tous les béliers dans les provinces ou l'espèce et la taille se trouvent être de la plus grande dimension, on s'est vu contraint d'en faire venir de l'étranger. Qu'en est-il résulté? C'est que les animaux ainsi transplantés, changeant de climat et de nourriture, n'ont donné que des produits médiocres et d'une espèce dégénérée, tant il est vrai que le bétail de pure race, élevé et nourri sur le sol natal, est de beaucoup préférable, sous tous les rapports, même pour l'agriculture.

Ce malheureux système d'importation donne encore aujourd'hui à la consommation un nombre beaucoup plus considérable qu'autrefois de bestiaux inférieurs, défectueux, et qui comportent des vices nuisibles et dangereux. Aussi les propriétaires ont-ils beaucoup de peine à s'en défaire, même à vil prix; et cependant ils sont toujours beaucoup trop chers pour les mauvais services qu'ils rendent au consommateur. Je dirai plus loin à quelle classe de la société ce détestable bétail est destiné pour aliment.

Je vais dire deux mots en passant sur l'introduction des *mérinos* en France. Cette introduction a paru admirable à ceux qui ne prévoyaient pas les conséquences qui devaient en résulter pour la consommation, qui a été sacrifiée, il faut bien le dire, aux intérêts de l'agriculture et de l'industrie. Avant cette importation, le consommateur ne trouvait-il pas, suivant ses moyens, des draps, des étoffes pour se couvrir ? Peut-être ils étaient moins beaux ; mais, à moins que l'on admette que l'on a eu raison de sacrifier les besoins de la santé et de la vie au luxe recherché des vêtemens, je dirai, d'après mes connaissances, que c'est un véritable fléau que cette nouvelle espèce de bétail, relativement aux intérêts de la santé. La consommation n'en est pas moins condamnée à faire usage de cette substance très-défectueuse, en attendant qu'elle disparaisse entièrement du sol français, comme il est certain que cela arrivera dans quelques années. Du moins je l'espère.

Pour éviter sur ce point de longs détails, qui cependant ne seraient pas inutiles, je dirai seulement que ce que Dieu a fait et réglé résistera à tous les efforts de l'espèce humaine ; car enfin l'on sait par expérience que la vigne qui produit en Espagne le vin d'Alicante, de Malaga, etc., ne donnerait que du vin de Surène et de Montreuil, si elle était plantée sur ces deux terroirs renommés pour la mauvaise qualité de leurs vins.

On a transporté en France des mérinos, des chèvres du Thibet ; ils deviendront, quant à leur production, moutons et chèvres français, en décroissant à chaque génération.

Mais je reviens à mon sujet, qui est les qualités qu'il convient de conserver aux animaux pour en obtenir cette substance nutritive qui sert à notre nourriture, et dont peu de personnes ne pourraient s'interdire l'usage sans nuire à leur santé.

Cela est si vrai que le plus habile cuisinier ne saurait servir la table de ses maîtres sans le secours de la substance de nos bestiaux, parce qu'elle est à la fois, si elle est d'un bon choix, l'aliment le plus sain et le plus actif de tous ceux dont nous faisons usage.

Comment pourrait-on espérer en effet que la substance du mouton-métis fût aussi bonne, aussi salutaire que celle de nos anciennes espèces pour la pureté de leur nature? Sans compter ce qu'a de contraire le mélange des espèces, le mouton-métis n'est-il pas obligé par sa nature de produire et de nourrir le double, pour ne pas dire le quadruple, de laines que donnaient nos anciennes espèces indigènes? Cette abondance de laines absorbe d'autant la substance de l'animal. Aussi est-il extrêmement difficile à engraisser, et toujours d'une qualité inférieure aux autres. Ces animaux sont lourds, n'ont point de gaîté, sont presque insensibles, si on les sépare de leurs camarades. Quelle différence entre eux et nos anciennes espèces indigènes! La légèrete et la vivacité de ces derniers étaient telles qu'elles leur faisaient souvent franchir des barrières très-difficiles.

J'ai dit qu'une année produisant une grande abondance de pâturages donnait rarement de bons résultats; en voici la preuve: l'agriculture fut affligée d'une semblable récolte, il y a quelques années; il fallait un grand nombre de gerbes pour obtenir un sac de grain, encore ne valait-il rien. Les pailles étaient très-mauvaises, et les pâturages tellement abondans que la terre en était surchargée. Au milieu de cette abondance, les bestiaux et particulièrement les moutons-métis périssaient de misère.

On a craint un moment que toute cette race de moutons ne pérît tout à coup et entièrement: ils mouraient dans les champs, ayant de l'herbe jusqu'au ventre. Chacun se demandait la cause d'un si grand malheur.

Comme je l'ai avancé plus haut, c'est que la terre offre chaque année une substance toujours régulière et aussi abondante. Si cette substance est tellement divisée entre les plantes, qu'il faille que l'animal prenne et absorbe vingt livres pesant d'alimens pour en obtenir la même quantité de nourriture qui lui est nécessaire, et qu'il trouverait dans dix livres d'herbe, année ordinaire, il n'y a aucun doute que les fonctions de l'estomac ne soient beaucoup plus laborieuses que lorsque les mêmes sucs sont contenus dans un moindre volume. Dans ce dernier cas, au contraire, l'animal fait une bonne digestion et profite réellement.

La masse d'alimens que les animaux sont obligés d'absorber, dans ces mauvaises années, ébranle tout leur système: le sang s'appauvrit, se décompose, et amène souvent leur prompte dissolution. Il n'y a que les vieux bestiaux, d'une constitution robuste, d'une bonne nature et non dégénérée, qui puissent résister à cette mauvaise nourriture, laquelle aussi n'est pas sans avoir une certaine influence sur l'espèce humaine.

Malgré les plaintes de l'agriculture, qui ne fait presque rien des bestiaux dans ces fâcheuses circonstances, combien la consommation est intéressée cependant à ce que l'agriculture en soit toujours abondamment fournie ! La raison, c'est que, si la récolte n'est pas substantielle, l'on est toujours certain de trouver dans les vieux bestiaux (excepté dans ceux dont la caducité pourrait produire la dissolution) une substance abondante et bien réservée, qui est le fruit de six à dix années de bonne nourriture.

Je vais faire connaître, en peu de mots, l'influence que les années de sécheresse exercent sur les bestiaux. Dans les années abondantes, les pâturages contiennent plus de fluide que de substance, parce que le soleil n'a pu absorber entièrement la trop grande humidité dont la terre est couverte. Car il faut, par-dessus tout, le secours de la température pour la production des biens de la terre.

Dans les années arides, c'est le contraire : le soleil, par sa présence continuelle, dessèche les plantes et en fait périr une partie. Souvent même il n'en reste pas assez pour recueillir la substance de la terre. On comprend alors que les plantes qui ont résisté à cette extrême chaleur doivent être extrêmement substantielles. Il y a plus, l'excès même de leur substance en rend l'emploi souvent très-dangereux ; et si même on ne prenait en certains lieux des précautions à cet égard, les bestiaux qui, au sortir de la bergerie ou de l'écurie, étaient pleins de santé, se trouveraient frappés de mort au bout d'une heure de pâturage.

On pourrait croire que des animaux sains et bien portans avant d'avoir pris cette nourriture peuvent être mangés sans inconvénient, si on les a tués un instant avant la mort naturelle dont ils sont menacés, et si on les a saignés avec soin (1).

---

(1) Le traitement de la maladie des bestiaux à pieds fourchus, dont nous

On serait dans l'erreur si on le pensait ainsi : ces viandes sont très-dangereuses et peuvent causer au consommateur des inflammations d'entrailles très-graves. Il est arrivé que ces animaux ont souvent donné la maladie du charbon à ceux qui les avaient préparés et livrés dans le commerce, et cependant ces bestiaux, ainsi que d'autres également atteints de vices d'une autre espèce, mais également nuisibles, entrent pour une grande partie dans la consommation ordinaire.

Les maladies du sang sont aussi très-fréquentes parmi les animaux et font plus ou moins de ravages dans ces années de sécheresse. Le transport du bétail doit se faire avec de grandes précautions. Heureusement ces précautions sont commandées aux marchands par la garantie que doit, pendant neuf jours, le vendeur à l'acheteur, ou plutôt au consommateur ; car cette loi, si sagement établie, est toute entière dans l'intérêt de ce dernier et lui évite des maux incalculables.

Abstraction faite de tous les inconvéniens dont je viens de parler, l'herbe, ou plutôt toutes les plantes sont bonnes et abondamment pourvues de la substance qui fait leur force et leur utilité, et généralement, il en faut peu pour bien nourrir les bestiaux qui ont le plus de besoin, de même qu'il en faut peu pour amender ceux qui ont le moins de besoin.

Cette différence exige une explication.

Les jeunes bestiaux sont ceux qui absorbent le plus d'alimens, et jusqu'à ce qu'ils aient atteint l'époque de leur accroissement, le besoin de manger se fait sentir fréquemment ; aussi sont-ils beaucoup moins difficiles à nourrir.

---

faisons notre nourriture, est encore, suivant moi, dans l'enfance. C'est encore à la vieille routine des bergers, des bouviers, des maréchaux, etc., que l'on a recours en cas de maladie, dans les départemens. Les artistes vétérinaires ne s'occupent que du traitement des chevaux, et fort peu de celui du bétail. J'ai cru remarquer qu'ils manquaient d'instruction à ce sujet ; ce qui fait que l'on continue, comme par le passé, à abattre les bestiaux dont la maladie a résisté au premier traitement routinier, et ils sont livrés à la consommation. Ce défaut de connaissances accroît les maux de l'agriculture, et augmente les dangers qui menacent la santé du consommateur.

D'où je conclus que, jusqu'à leur entière conformation, la nourriture que prennent ces jeunes bestiaux tourne entièrement à leur profit, parce que, jusque-là, ils n'ont pu faire aucune économie dont puisse profiter le consommateur.

Le bétail qui survit à son entière conformation consomme moins, fait un bon choix d'herbe, s'il en a la liberté, engraisse plus vite, augmente et fortifie sa substance, qui est d'autant meilleure qu'elle est assainie et dégagée de tous les inconvéniens du jeune âge. Cet état de prospérité rend nos vieux bestiaux plus capables de supporter les fatigues et même les privations; ils sont moins exposés aux maladies, et, sous tous les rapports, ils doivent être préférés aux jeunes bestiaux. Si les bestiaux sont livrés à la consommation, en raison de ses pressans besoins, avant d'avoir atteint leur croissance, comme je l'ai vu dans certaines circonstances, ils donneront certainement peu de substance; comme ils ont peu de qualité, on en consomme un plus grand nombre, ou c'est alors que les viandes sont moins bonnes et souvent à un prix très-élevé, que la consommation se rejette sur d'autres alimens.

On sait que le consommateur apporte le plus d'économie qu'il lui est possible dans sa nourriture; la mère de famille, les personnes qui ont beaucoup de monde à nourrir recherchent de préférence les alimens qui contiennent le plus de nourriture et qui coûtent le moins. Ce qui est bien différent de ceux qui, par état, donnent à manger ou vendent des denrées: ceux-ci ne sont pas obligés de nourrir; aussi il arrive souvent que l'on a beaucoup consommé chez eux sans aucun avantage pour le corps.

Je dis donc que, si ces jeunes bestiaux sont livrés à la consommation dans le cours de leur croissance, ils ne donneront rien d'essentiellement bon et profitable sous aucun rapport. Les cuirs, les suifs, la corne et les autres issues sont de mauvaise qualité, parce qu'il leur manque le temps et la nourriture qui augmentent graduellement leur valeur. C'est donc, ainsi que je l'ai exposé plus haut, un très-grand avantage pour la masse entière de la consommation que l'agriculture soit toujours abondamment pourvu de vieux bestiaux et des meilleures espèces, autant que possible. Il serait à désirer qu'il en fût des bestiaux comme des forêts, c'est-à-dire qu'on abattît les premiers qu'à un âge déterminé. L'agriculture et la consommation y gagneraient doublement.

J'ai déjà fait observer qu'il y avait une assez grande différence dans la force et la propriété de la substance nutritive d'un bétail de telle espèce, nourri ou engraissé soit dans une province, soit dans une autre ; un herbager ajouterait même dans telle ou telle pièce de pâturage, tant la variété de notre sol est grande sous bien des rapports ; mais toutes ces différentes appréciations sont peu connues de l'agriculture ; ses connaissances ne vont pas au-delà des localités. Chaque fermier ou propriétaire de bestiaux croit avoir ce qu'il y a de mieux en production.

Je ferai une observation à cet égard sur une espèce particulière de bœufs que j'ai remarquée. Environ les quatre cinquièmes des bestiaux dont il s'agit sont attaqués, suivant moi, d'une maladie dont j'ignore le nom, mais que j'appelle, pour donner un nom aux choses, *la maladie des os.* Le nombre des bestiaux qui sont mis dans les pâturages du pays d'où l'on tire ces bœufs, est assez considérable et contribue, pendant plusieurs mois de l'année, à l'approvisionnement de Paris. La plus grande partie de ces bœufs sont d'une taille gigantesque, ils n'ont que peu de chair ; cependant, ils sont souvent assez gras pour être livrés à la consommation. La viande en est assez bonne, n'est point désagréable au goût, si toutefois le corps gras ne domine pas, car il est de sa nature un peu huileux. Il y a un grand nombre de ces bœufs qui sont plus pesans d'os que de chair. Aussi sont-ils peu substantiels et se vendent-ils moins cher que les autres? Cette dernière circonstance me dispense de dire qui les consomme en très-grande partie.

Un des grands défauts de cette espèce de bétail est de ne pouvoir se conserver aussi longtemps que les autres, c'est-à dire qu'aussitôt qu'un bœuf de cette espèce est abattu, il faut qu'il soit promptement vendu et consommé, autrement il serait perdu, car la putréfaction s'opère presque immédiatement, et ce qui prouve qu'il y a réellement maladie, c'est que j'ai remarqué qu'à l'ouverture du corps de ces bœufs, il s'en exhalait une odeur de fièvre très-prononcée et que le bris des os répandait une odeur insupportable.

Je manque d'expression pour qualifier ce phénomène, et comme cette odeur fiévreuse et infecte n'est pas la même que celle des chairs corrompues ou de la moëlle qui correspond de la tête à la queue ; j'en ai conclu que le siège de cette maladie était dans les os, car la putréfaction commence là. Toutes les parties qui touchent ou enveloppent les os sont vertes, et ce qu'il y a d'extraordinaire, c'est que cette couleur verte envahit promptement le reste du bœuf, et marche pour ainsi dire à vue d'œil dans certaines circonstances.

Cette viande défectueuse peut être mangée sans trop d'inconvéniens par des personnes d'une bonne santé, mais je crois qu'il serait dangereux d'en faire usage pendant plusieurs jours de suite ; enfin commme les bestiaux dont il s'agit proviennent de pays situés près des côtes, j'estime qu'il serait imprudent d'embarquer et de faire provision de ces sortes de viandes pour les voyages de long cours : je hasarderai de dire à ce sujet que si cette *maladie des os* n'a point d'analogie avec celle que l'on nomme scorbut, peut-être a-t-elle une tendance à provoquer une toute autre maladie fâcheuse si l'on faisait un continuel usage de cette viande. Ces observations pourraient être soumises à la faculté de médecine.

Malgré toutes ces influences si différentes dans leurs effets sur la substance des bestiaux, les herbagers, les bouchers, etc., n'en diront pas moins : « Lorsque le bétail est gras, qu'importe la race, la » nature et le pays qui l'aura produit ou engraissé, il est et sera » toujours bon, d'autant que la France en général produit d'ex- » cellens bestiaux. » Le boucher, le fermier et le marchand n'apprécient la qualité des bestiaux que par la graisse (ce qui n'est pas toujours vrai), parce que si le bétail n'est pas gras, ils en obtiennent moins d'argent. Je ne veux point contrarier ces bonnes idées, il en est des bestiaux comme des vins : la France produit le meilleur vin pour la santé, mais combien compte-t-on de qualités différentes dans les vins.

Cependant les consommateurs, surtout la classe des riches, ont cru reconnaître l'existence de ces différences puisqu'il leur arrive encore aujourd'hui de faire venir des gigots de Beauvais, des moutons de Présalé, du veau de Pontoise, des moutons des Ardennes, etc., toutes ces choses sont bonnes sans doute, c'est-à-dire plus ou moins et autant que les bestiaux qui les fournissent sont bons dans leur essence. Mais cela ne conclut rien à l'égard de la substance. Cela indique seulement, et ce qui est vrai, que la production a son mérite local. Mais comme l'espèce de bétail est très-variée en général, que le bien et le mal sont de tous les pays, les justes et solides appréciations ne peuvent être qu'individuelles, et pour juger sainement les choses, il faut toute autre connaissance que des connaissances générales et superficielles.

Je viens de dire qu'il n'était pas toujours vrai que les bestiaux les plus gras fussent les meilleurs; j'irai plus loin et je dirai qu'il s'en trouve de cette espèce qui sont plus nuisibles qu'utiles à la santé; je suis forcé de donner quelques explications à cet égard, car personne ne me croirait. Je m'étais proposé cependant de les éviter, car s'il fallait traiter en détail des diverses qualités du bétail, on en ferait un assez gros volume.

Les bestiaux les plus gras qui sont considérés pas les herbagers, les propriétaires, les bouchers, etc., comme un des résultats les plus parfaits de la production et auxquels chacun sur les marchés paye un tribut d'admiration; ces bestiaux, dit-je, ne sont souvent bons que pour le producteur et le boucher qui les achète, si le prix est raisonnable. Quant au consommateur il ne valent rien pour lui sous tous les rapports.

Tous les bestiaux ne sont pas propres à acquérir une grande quantité de graisse, ceux qui possèdent ces dispositions reçoivent du propriétaire ou herbager, les soins nécessaires pour arriver à ce résultat; tous les moyens sont employés, les meilleurs pâturages leur sont prodigués et cette recherche de nourriture qui les invite à en prendre plus qu'ils ne le feraient sans tous ces bons soins leur est favorable en même temps qu'elle flatte le propriétaire dont l'herbage acquiert une grande réputation. Mais là se borne l'avantage de cette nourriture distribuée avec profusion. Voici maintenant les effets qu'elle produit sur la plupart de ces animaux. J'en ai fait l'experience.

On sait que le sang est l'aliment et la nourriture des chairs et les chairs la residence des sucs (1) qui forment la substance nutritive

(1) A ce sujet il eût peut-être été bon d'expliquer les causes qui font que

que les bestiaux nous transmettent, et que l'abondance de cette substance produit la graisse de l'animal. Cette graisse se compose de trois espèces et de trois qualités différentes, premièrement celle qui se produit dans l'intérieur, qui enveloppe et se rattache aux intestins et qui couvre les rognons; la masse en est souvent considérable, mais elle n'est pas bonne à manger; deuxièmement, celle extérieure qui couvre l'animal, et qui se trouve immédiatement sous la peau, une partie de celle-ci est bonne à manger; troisièmement, celle qui se trouve dans l'intérieur des chairs et qui est également bonne à manger. C'est cette dernière qui, lorsqu'elle a pris assez d'accroissement, resserre les chairs et en prend la place; la substance, par cette raison, diminue de quantité sans avoir perdu de sa qualité sans : il en est de même du sang dont la graisse a resserré les vaisseaux qui le contiennent; quoique par ce fait la quantité en soit diminuée, il ne manque pas de qualités, jusque là je considère l'animal de la meilleure qualité, parce que le tout est en assez bonne proportion; c'est dans cet état où il y a accomplissement de force et de qualité que l'animal peut mourir subitement si on le surcharge de fatigue sur les routes, etc., car c'est la force de la substance et du sang ainsi resserrés qui lui donne la mort.

Lors donc que l'on veut pousser l'engrais au-delà de ce qui vient d'être dit, comme il arrive souvent, il y a contrainte, et cette entreprise donne de mauvais résultats pour le consommateur; la nourriture que prendra l'animal produira de la graisse qui dominera entièrement la substance et le sang qui sont ses alimens uniques; l'équilibre ainsi rompu, l'animal ne mange presque plus, cet état de choses ne peut durer, la graisse qui ne reçoit plus de nourriture, se perd faute d'alimens, et elle meurt; l'animal ne périt pas pour cela; seulement la dissolution de la graisse brisant les cellules qui la contiennent occasionne une filtration qui donne à l'animal une de ces maladies de langueur, dont il pourrait périr, si dans cet état

---

l'on préfère telle partie de l'animal à telle autre, même pourquoi il y a un côté des animaux qui peut être préféré à l'autre; mais en cela, comme rien ne peut se changer, je m'abstiendrai d'en parler.

de choses, l'on ne s'empressait de le livrer à la consommation. Voici souvent l'état des animaux qu'un excès de nourriture fait considérer d'abord comme étant de première qualité, et ce sont précisément ceux-là à qui j'en accorde le moins sous le rapport des intérêts de la consommation.

On serait bien dans l'erreur si l'on croyait qu'un bœuf de cette espèce qui pèserait 1200 livres comme cela arrive souvent et même plus, contient autant de substance nutritive que l'on en obtient de deux bœufs du poids de 600 livres chacun, d'un engrais ordinaire. J'atteste qu'un bœuf de 600 livres contient à lui seul plus de substance que celui de 1200.

Je vais dire maintenant quels sont les effets que produit sur le consommateur le bœuf de 1200, dit de première qualité, que je viens de prendre pour exemple.

Il donnera un faible bouillon, sans odeur agréable parce que la substance manque. Les chairs seront extrêmement tendres, agréables à la bouche, et recherchées des amateurs qui en mangent souvent assez pour être rassasiés, sans être cependant nourris. En voici les causes :

Le corps gras qui domine et dont les chairs sont remplies, au lieu des sucs qu'elles devraient contenir, ce corps gras, dis-je, est sans vie, sans force. Il a une tendance huileuse très-pénétrante, qui dilate et énerve l'estomac, paralyse son action ordinaire, provoque de mauvaises digestions, et produit un dégoût très-prononcé. La dissolution des corps gras chez tous les animaux en général produit ces divers effets.

En fait d'engrais, il faut un juste milieu. Les suifs que l'on retire des animaux trop engraissés sont mauvais, sans consistance, sans force aucune. Si on fondait ce suif sans le mélanger avec d'autre, on ne pourrait s'en servir, parce qu'il ne se congèle que peu ou point, n'a point de solidité, et nuit même à celui avec lequel on le mélange, encore bien que ce soit par petite quantité. S'il domine, la chandelle coule et ne fait aucun profit au consommateur. Il en est de même du cuir, qui, énervé par le corps gras, ne peut être tanné que très-difficilement, et ne peut être employé avec avantage ; soit par le cordonnier, soit dans la sellerie. Tels sont les résultants de l'engrais forcé.

En 1820, j'ai eu l'honneur d'être appelé avec deux de mes confrères, par M. le président du Conseil royal d'agriculture, pour assister à une séance de cette assemblée, dans laquelle M. le baron Devillers fit la proposition, d'après un procédé dont il avait fait la découverte, de former en France un établissement destiné à engraisser les bestiaux de toute espèce en quarante jours, ou soixante au plus. M. Devillers soutint que les bestiaux seraient gras à l'excès dans l'espace de temps qu'il annonçait. Nous lui proposâmes des bestiaux et un local pour faire l'essai, ce à quoi il consentit ; mais l'essai ne fut point tenté. Un membre de l'assemblée, qui se trouvait près de moi, me dit : « Je crois monsieur le baron fort instruit sur « l'économie rurale. — Vous allez en juger, lui répondis-je ; je vais « lui faire deux ou trois questions, et je crois être sûr qu'il ne ré- « pondra à aucune. » C'est ce qui arriva.

Je demandai à monsieur le baron si les bœufs engraissés d'après son procédé seraient aussi substantiels que ceux engraissés d'après l'ancien usage ; si leur substance aurait la même valeur, et produirait les mêmes effets que celle provenant des bestiaux mis à l'engrais ordinaire, si les cuirs seraient aussi bons, et les suifs d'aussi bonne qualité, etc.

Sans répondre à aucune de ces questions, monsieur le baron Devillers se borna à faire observer que son engrais l'emportait sur tous les autres, et que les bestiaux qui en avaient fait usage étaient très-recherchés par les bouchers de la ville de Manheim.

Je pense que si l'essai eût eu lieu, il eût donné, à peu de chose près, le résultat dont je viens de parler. Le bœuf engraissé par des moyens extraordinaires ne peut donner que de médiocres produits. On peut aider à la nature, favoriser son développement, mais il faut bien se garder de la forcer.

Au surplus, la faculté de médecine pourrait être consultée avec avantage à ce sujet ; et, loin de repousser la contradiction, je l'appelle au contraire de tout mon pouvoir, car je suis loin de prétendre à l'infaillibilité.

La consommation des viandes est très-grande en France, et

principalement à Paris, et cependant il est certain que ses diverses qualités, et les différens effets que chacune d'elles peut produire, sont généralement peu connus. Cependant, sous le rapport de la santé, cette connaissance serait bien nécessaire.

Il n'est pas de plus mince cuisinière qui ne prétende connaître parfaitement la viande, et mettre en défaut à cet égard le boucher le plus expérimenté. Leurs connaissances cependant sont souvent plus propres à détériorer la substance qu'à l'améliorer. L'une dit au boucher : « Votre viande était détestable, le bouilli était noir, « la graisse était jaune, mais le bouillon était bon. »

Une autre convient que le potage était délicieux, mais que l'on n'a pu manger le bœuf parce qu'il était rouge, d'un aspect repoussant, ou parce qu'il était trop dur quoique cuit à point.

Une troisième prétendra que la viande était succulente, mais le bouillon sans goût, tout blanc, sans odeur; et qu'elle a été obligée d'envoyer acheter de la glace (1) pour mettre dans le potage, qui n'était pas mangeable.

Je n'en finirais pas si je voulais parler de toutes les plaintes que reçoivent les bouchers de Paris. C'est encore pis lorsque l'insalubrité des viandes a occasioné quelque malheur. Mais cette circonstance n'est pas mieux prévue que les autres.

---

(1) Les glaces sont des substances extraites de différentes viandes. Elles se composent d'une ou de plusieurs substances. C'est ce que l'on appelle le Restaurateur de la cuisine, car un ragoût manqué, même souvent pas mangeable, devient bon en y mettant de la glace.

C'est une excellente chose, si les viandes dont on s'est servi sont d'un bon choix. J'estime que des glaces, provenant de viandes prises dans les parties choisies de nos meilleurs animaux, reviendraient à près de vingt francs la livre. Il s'en vend cependant au-dessous de cinq francs.

Il y a quelques années, on fabriquait des tablettes de bouillon portatives. C'était une espèce de colle, que l'on cassait et que l'on faisait dissoudre dans de l'eau, et l'on avait un bouillon. Ceux qui fabriquaient ces tablettes, s'approvisionnaient des viandes nécessaires dans les halles et marchés, achetaient les jambes et les parties mucilagineuses des plus mauvais bestiaux, ce qui leur coûtait de trois à six sous la livre. Je pense que ces tablettes étaient de leur nature, plus nuisibles qu'utiles au consommateur.

Tous ces reproches sont en partie fondés. Ils résultent de causes et de principes absolument étrangers aux connaissances des consommateurs.

Il y a de bonnes et de mauvaises viandes, il y en a de toutes les couleurs et de toutes les nuances. Je n'ai pas la prétention de vouloir persuader que je sois le seul instruit de toutes ces particularités; mais je crois pouvoir assurer que la plupart des bouchers ne connaissent pas la nature et les effets que doivent produire les viandes qu'ils débitent. Le nombre de ces bouchers est déjà très-grand, et malheureusement il tend à s'accroître encore.

Je dis *malheureusement*, parce qu'il ne suffit pas qu'un boucher soit honnête homme, il faut encore qu'il ait les connaissances nécessaires dans sa profession; car il est fâcheux pour le consommateur, d'être dans l'incertitude de savoir si les alimens qu'il achète sont, sinon de première qualité, au moins sains et hors d'état de lui faire du mal, dans le cas même où il n'obtiendrait pas tous les secours qu'il en attend.

DE LA SURVEILLANCE ET DE L'INSPECTION DES VIANDES.

On répondra à cet égard que l'administration de la police veille et fait surveiller avec soin les marchés d'approvisionnement, et le débit des viandes; qu'elle a des agens partout, dans les halles, dans les marchés, dans les abattoirs; qu'il est impossible qu'il puisse se vendre, se consommer des viandes insalubres dans Paris, pas même hors des barrières, où la police n'a pas craint d'autoriser les traiteurs et les marchands de vins à acheter et abattre où bon leur semble les bestiaux dont ils ont besoin, et qu'ils préparent et vendent dans leurs établissemens.

Avant de réfuter cet argument, et pour ne pas être soupçonné de convoiter quelque place que l'on pourrait me croire apte à remplir dans cette administration, je dois déclarer que je n'en désire aucune; quelque lucrative qu'elle puisse être.

J'ajouterai que je n'ai jamais eu à me plaindre d'aucun employé, et qu'aucun ressentiment ne me fait agir. Plusieurs sont des pères de famille qui ont besoin de leurs places pour vivre. Je suis véritablement fâché de leur être défavorable en parlant de leur manque de capacité; mais l'intérêt général et la sûreté des consommateurs m'obligent à dire la vérité, et je la dirai tout entière.

Je rendrai justice aux bonnes intentions de M. le préfet de police, duquel je n'ai qu'à me louer pour le bon accueil que j'en ai reçu pendant que j'exerçais les fonctions de syndic de la boucherie. J'en dirai autant des membres de cette administration avec lesquels j'ai eu des rapports. Mais pour que ce magistrat puisse faire le bien, il faut qu'il soit bien informé, et il ne peut l'être si les agens n'ont pas les connaissances nécessaires pour éclairer son opinion.

Il est très-vrai qu'il y a beaucoup d'employés et de surveillans de la police; il y en aurait beaucoup plus encore que cela n'aurait rien de rassurant pour moi qui connais le commerce des viandes autorisé, et celui qui se fait clandestinement, pour moi qui connais dans tout leur détail les abus qui résultent de l'état de choses où nous sommes placés, et de la faculté laissée aux marcandiers de se livrer à leur infame commerce.

Je dis que la place que chaque employé occupe dans l'administration de la police ne donne pas à celui-ci les connaissances nécessaires pour la bien remplir. Cependant, si on les consulte sur les devoirs de leur emploi, et l'instruction qu'il exige, ils répètent ce que je leur ai entendu dire mainte et mainte fois, que « pour bien connaître les bestiaux, le commerce de la boucherie, la qualité bonne ou mauvaise des viandes; enfin, que pour remplir convenablement une place d'inspecteur, c'était l'affaire de six mois pour un homme qui a un peu d'intelligence. »

Je laisse ces raisonnemens pour ce qu'ils valent comme pour la garantie qu'ils offrent. Peut-on croire qu'il soit bien facile d'apprécier à leur juste valeur cette immense quantité de bestiaux qui se consomme journellement à Paris, et dont les qualités bonnes ou mauvaises présentent tant de différences.

Je pense au contraire que ce n'est pas une petite étude que celle qu'il faut faire pour distinguer seulement les caractères d'une viande insalubre, afin d'en ordonner la saisie légale et non hasardée. Ces connaissances ne peuvent s'obtenir que par une longue pratique de toutes les opérations du commerce de la boucherie et des variétés qu'il présente à chaque instant dans l'abattage et le dépècement des bestiaux de toute espèce. Or, comme aucun employé de l'administration n'a été à même de faire cette étude, j'ai donc raison d'en conclure qu'il n'a pas les connaissances propres à son emploi.

Les employés du commerce de la boucherie, et qui sont à sa solde, rendent de véritables services, et sont d'une grande utilité, même pour l'administration. Mais il faut remarquer que tous en général sont d'anciens marchands bouchers, tandis qu'au contraire les employés de la police, auxquels, je le répète, je n'ai d'ailleurs aucun reproche à faire, que je connais tous depuis 30 ans, et que j'ai vu se renouveler si fréquemment, n'ont aucune des connaissances indispensables à la surveillance dont ils sont chargés.

J'admets qu'ils sont remplis d'activité, d'une probité éprouvée, et animés des meilleures intentions. Mais, en matière d'approvisionnement, il faut encore plus, et c'est mal servir l'autorité que de confier ces emplois à tout venant; car l'on aura donné les emplois pour les personnes seulement, et non dans l'intérêt public. C'est donc plutôt à la capacité qu'à la protection qu'il faudrait les accorder, car ils sont d'une haute importance sous le rapport de la sûreté de l'approvisionnement et de la consommation. J'insisterai d'autant plus sur ce point, que les innovations qui se sont introduites dans le commerce de la boucherie ont détruit plusieurs principes de morale et de garantie qui existaient, principes qui entre autres n'assujétissent plus aujourd'hui comme autrefois celui qui veut exercer la profession de boucher, à faire preuve des connaissances qu'il aurait acquises dans cet état, tant sur la qualité du bétail que sur celle des viandes, connaissances qui, selon moi, offriraient des garanties beaucoup plus certaines que toutes les inspections et surveillances d'agens complétement étrangers au service qui leur est confié, et qui profiteraient d'une manière toute particulière à l'agriculture.

Si j'entrais dans les détails propres à justifier les assertions qui précèdent, on verrait combien elles sont exactes.

J'espère que les innovations déjà introduites, et celles qui se préparent et s'exécutent tous les jours, provoqueront enfin de sages mesures qui, sans être violentes, concilieront tout à la fois les intérêts de l'approvisionnement, de l'agriculture, du commerce et du consommateur.

Il ne faut pourtant procéder à cette amélioration qu'avec beaucoup de réserve; car les réglemens motivés par l'abondance ou la disette sont souvent très-défectueux et donnent de très mauvais résultats. Une ordonnance de quatre lignes, qui, en apparence, satisfait aux réclamations, et qui au fait ne produit pas les effets qu'on en attendait, peut préparer de grands maux, des maux presque irréparables à la consommation, sans que le producteur en profite le moins du monde.

Je m'abstiens de développer cette idée. Plein de confiance dans le gouvernement paternel du Roi, comme dans sa justice, je suis persuadé qu'il établira un juste équilibre entre ces deux grands intérêts.

Si l'abondance fait murmurer le producteur, ce ne peut être que sous le rapport d'intérêts pécuniaires; car, religieusement, il doit se joindre au consommateur, et remercier la Providence qui, depuis bien des années, nous comble de ses bienfaits. S'il en était autrement, le respect religieux ne serait qu'un vain mot. L'intérêt seul aurait droit à nos hommages comme à nos plus chères affections. Cependant on connaît les malheureux effets qu'a produits et peut produire encore le défaut de production.

DES DIVERSES MANIÈRES DONT S'APPROVISIONNENT LES BOUCHERS.

Long-temps en rapport avec un grand nombre de marchands et propriétaires des diverses provinces qui approvisionnent les différens marchés de la capitale, j'ai pu apprécier, autant que j'en étais capable, les divers mouvemens de l'arrivage, comme les divers effets de la production annuelle, en ce qui concerne les bestiaux. J'ai été également à même d'étudier ce genre de commerce dans outes ses opérations. Enfin une expérience de plus de 30 années m'a familiarisé avec tous les détails de l'achat et du débit des viandes de boucherie à Paris.

Je commeancerai par ce dernier commerce; mais avant je dois dire un mot des abattoirs généraux, qui rentrent dans mon sujet. Comme j'ai administré le commerce de la boucherie pendant plusieurs années, j'ai pu apprécier ses véritables besoins dans ces établissemens. Je connais aussi les dispositions bienveillantes et paternelles de M. le préfet de la Seine, et des divers chefs de cette administration avec lesquels j'ai eu des rapports suivis, et dont je n'ai eu qu'à me féliciter. Ils m'ont demandé plusieurs fois pourquoi il était si difficile de bien connaître les besoins et les convenances du commerce à l'égard de l'exploitation des abattoirs ; pourquoi les bouchers eux-mêmes étaient si rarement d'accord sur ce point, et enfin quelle était la cause de cette opposition continuelle que l'on remarque dans leurs rapports de tous les instans dans les échaudoirs. Cependant, ajoutait-on, l'administration de la Seine est disposée à donner toute satisfaction au commerce, mais les prétentions contradictoires des bouchers l'embarrassent ; elle ne sait si les constructions qu'on lui demande sont réellement utiles, et peuvent répondre aux besoins généraux du commerce.

J'ai répondu que si l'on consultait individuellement les bouchers, on aurait rarement des renseignemens satisfaisans, parce qu'il y avait une trop grande variété d'intérêts dans la situation actuelle du commerce de la boucherie. Les causes principales de ce défaut d'ensemble proviennent de ce que le boucher a la faculté de s'approvisionner comme il le juge à propos, change de système quand il lui plaît, et selon qu'il le juge convenable à son intérêt. Il résulte de là que ce qu'il trouve bien et à sa convenance aujourd'hui, demain il le trouve mauvais et gênant.

Sans doute il reste encore plusieurs choses à faire dans les abattoirs, sous le rapport de la facilité de l'exploitation du commerce autant que dans l'intérêt de la salubrité et de la conservation des marchandises. Toutes ces améliorations peuvent se faire sans beaucoup de frais (1) ; mais en attendant qu'on s'en occupe sérieusement,

(1) Il existe à Paris des miasmes très-nuisibles aux bestiaux comme à leurs alimens. Je dirai plus : il est des lieux et des habitations où les consommateurs ne peuvent conserver aucune provision de viande cuite ou crue. Je vois avec peine qu'aujourd'hui, dans la distribution des logemens, le lieu le plus petit, le plus obscur, dont on ne peut tirer aucun parti productif, est toujours destiné à servir de cuisine et à être le dépôt des alimens. Je crois toutes ces dispositions contraires à la santé. La médecine peut dissiper mes craintes.

Voici un contraste assez frappant. L'on a construit des étaux à boucherie dans les marchés, sous ces monumens d'une grande dimension, ouverts de toutes parts, accessibles à toutes les impulsions de l'air, qui ne peut être comprimé. L'on pourrait croire que les viandes doivent s'y conserver beauj'estime que si l'action des agens du préfet de la Seine, de la police et de l'octroi était contenue dans de justes bornes, ou plutôt confiée à une seule de ces autorités, et de préférence à celle de monsieur le préfet de la Seine, qui représente le propriétaire des abattoirs, et avec qui le commerce est obligé d'avoir pour ses divers besoins des rapports continuels de détail, le commerce en serait beaucoup mieux, car il serait moins tourmenté.

Tout ce conflit provient de ce que le commerce de la boucherie de Paris se trouve composé de trois élémens bien distincts, qui sont le commerce régulier, le commerce à la cheville et le commerce en gros, ou commerce de regrat. On ne se doutait pas, lorsque l'on a construit les abattoirs, qu'ils deviendraient des marchés continuels de regrat où se vendrait une grande partie des viandes qui se débitent journellement dans les étaux de Paris et à la halle, par les bouchers de la capitale.

Sans doute, il importe peu que le boucher s'approvisionne comme il l'entend, pourvu qu'il satisfasse aux besoins de la consommation dont il n'est d'ailleurs que l'instrument passif; cependant, il me sera facile de prouver que l'intérêt bien entendu de cette consommation et celui de l'agriculture exigent que le commerce de la boucherie soit régulier (1).

---

coup mieux que dans les étaux particuliers, qui sont en ville. C'est le contraire. J'ai la conviction que la plus grande partie des étaux de la ville, qui paraissent moins aérés, conserveront mieux les viandes que les étaux des marchés.

En voici les causes. Dans les marchés, si l'air est grand, le vent dessèche les viandes, les rend noires, leur donnent un aspect repoussant; si le temps est calme, l'air manque totalement, et les miasmes s'y condensent; si le temps est pluvieux, l'humidité y entre de toutes parts, produit une dilatation qui rouvre les pores des viandes, qui s'étaient déjà resserrés, et laisse libre l'écoulement des sucs dont l'air prend la place, et provoque la fermentation, qui ne s'arrête plus.

Dans les étaux particuliers, le boucher a la liberté de se procurer l'air dont il a besoin, de le comprimer à volonté, s'il le croit nuisible, au moyen de deux ouvertures qui procurent l'air transversal nécessaire pour la conservation des viandes.

(1) Il est nécessaire que le gouvernement sache que Paris n'a jamais pour plus de trois à quatre jours d'approvisionnement de viande de bou

Le service de l'approvisionnement et de la consommation veut que celui qui entend se livrer à la profession de boucher connaisse parfaitement les bestiaux, les viandes, leurs qualités, leurs défauts et qu'il fasse ses achats lui-même sans intermédiaire dans les marchés autorisés.

Cette obligation est aussi dans l'intérêt de l'agriculture, car si les bouchers de Paris sont tenus à faire eux-mêmes leurs achats (1), le commerce en gros ou de regrat tombera aussitôt, et l'agriculture aura l'avantage d'une grande concurrence sur les marchés, la marchandise sera alors d'autant plus recherchée que le nombre des acheteurs sera plus considérable.

Indépendamment des trois manières de faire le commerce qui se sont introduites parmi les bouchers depuis quelques années, il convient d'observer que tous ne peuvent faire leurs achats que d'après leur situation personnelle et la classe des consommateurs

---

cherie, parce que les bestiaux ne peuvent pas s'emmagasiner. L'approvisionnement de Paris peut donc se trouver compromis, comme cela est arrivé déjà par des causes assez ordinaires, que l'administration n'a pu cependant prévoir ni éviter, soit par le manque de prévoyance, soit par le manque de connaissances de ceux qui devaient l'informer de l'état des choses.

A ce sujet je dirai qu'il ne doit jamais être indifférent aux magistrats, chargés de veiller à l'approvisionnement d'une grande ville comme Paris, que les bouchers, les boulangers, etc., soient pauvres ou aisés.

Au 30 mars 1814, lorsque les armées alliées ont entouré et ensuité occupé Paris, et que l'armée française avait enlevé, par des réquisitions, une partie de ce qui restait de bestiaux à chaque boucher, l'administration n'a eu d'autres moyens, pour éviter les désastres qu'aurait produit le manque de viande, que de réunir tous les bouchers à la Préfecture, de leur faire promptement délivrer des passeports visés par le général Sacken, et de les inviter instamment à se répandre au plus tôt dans les campagnes, pour y acheter des bestiaux, et les faire entrer dans Paris.

On a vu ces marchands actifs et laborieux sortir de la capitale à leurs risques, périls et fortune, et sans secours étrangers, pourvoir aux besoins de Paris et à ceux des armées alliées, jusqu'à ce que l'ordre ait pu se rétablir.

Certes si ces bouchers eussent été dans la misère, sans solvabilité, sans crédit, ils auraient échoué dans une entreprise aussi périlleuse.

(1) Pour obtenir ce résultat, il faut que le nombre des bouchers soit en rapport avec les besoins de la consommation, de manière que chaque boucher puisse avoir un débit, qui lui permette d'acheter et d'abattre leurs bestiaux eux-mêmes.

qu'ils fournissent. En effet, les uns prennent les bestiaux de première qualité, ceux-ci la seconde, ceux-là la troisième et dernière qualité (1). Cette troisième qualité de nos bestiaux, dont le nombre est toujours considérable, est acheté de préférence par les bouchers fournisseurs des hôpitaux et autres établissemens publics ; par les bouchers qui approvisionnent les halles et marchés, la garnison de Paris, l'Hôtel royal des Invalides, enfin toutes les personnes ou les établissemens qui sont dans l'usage de se servir de ce qui coûte le moins, et qui sacrifient leur existence à leurs intérêts.

Cependant, et dans mon opinion, cette économie est très-mal entendue, car des alimens qui ne contiennent que peu ou point de substance ne peuvent être bon marché. Ils fatiguent, produisent du dégoût, et ne nourrissent pas. Ceux au contraire qui sont de bonne qualité, et dont la substance nutritive est abondante, seront toujours plus favorables à l'intérêt et à la santé du consommateur, même à un prix plus élevé, parce qu'il en faudra beaucoup moins en quantité et en poids. Que le consommateur avise comme il l'entendra, il faut qu'il soit nourri ; bien que ce soit au meilleur marché, toujours faut-il que sa nourriture soit substantielle et de bonne qualité.

Si ce système de nourrir au rabais, c'est-à-dire de ne consommer que des alimens de la qualité la plus inférieure, n'avait d'autre inconvénient pour le consommateur que d'être mal nourri, de n'avoir pour subsistance que des viandes d'un mauvais goût, quoique cela ne soit déjà que très-fâcheux pour ceux qui sont forcés de s'en accommoder dans leur malheureuse situation ; cependant j'aurais gardé le silence.

---

(1) D'après cette différence de situation et d'intérêt particuliers, le monopole des bestiaux ne peut pas s'exploiter par la généralité des bouchers de Paris. C'est une chose tout-à-fait impossible. Ceux qui pourraient l'entreprendre, sont ceux qui font le commerce en gros, et qui approvisionnent leurs confrères, qui n'ont point assez de débit pour acheter et abattre des bestiaux par eux-mêmes.

Un trop grand nombre de bouchers à Paris doit seul faire craindre cette entreprise de la part des marchands bouchers en gros, qui pourraient, en raison de leur petit nombre, réunir aisément leurs intérêts.

Mais les hôpitaux sont, si je ne me trompe, des maisons de secours, de charité, où l'on place les pauvres malades qui n'ont aucun moyen de se secourir eux-mêmes.

Je suis bien convaincu que notre digne monarque est persuadé que les pauvres, dont il est à la fois le père et le bienfaiteur, sont bien nourris. Le gouvernement, l'administration des hospices elle-même, sont très-persuadés que les viandes fournies aux hospices, sans être de première qualité (car le prix qu'ils les paient les dispense de cette prétention), sont au moins assez saines, et ne doivent inspirer aucune inquiétude pour la santé de ceux qui les consomment.

Comme il n'est encore arrivé rien de fâcheux à ce sujet, du moins je le pense, leur conviction est soutenue par l'expérience. Toutefois, cette preuve que l'on allègue en faveur de ce funeste système ne saurait me rassurer.

Je ne doute point que leurs malades ne reçoivent de très-bons soins dans les maisons de charité, la médecine particulièrement en donne de très-précieux, mais les alimens qu'on y distribuent ne secondent pas les efforts de la faculté. Ils doivent au contraire l'embarrasser et souvent lui nuire, car il s'y consomme des viandes quelquefois détestables.

Je dirai la vérité à ce sujet, je ne chercherai point à présenter le mal plus grand qu'il ne l'est réellement, car il y a de certains vices dont je ne parlerai point. Je voudrais que l'on pût me réfuter, et je verrais avec plaisir que l'on me prouvât que tout ce qui se fait et se pratique à ce sujet est bien et ne peut être meilleur.

J'ai dit comment les marchands bouchers s'approvisionnaient sur les marchés, je vais expliquer le mode suivant lequel s'approvisionnent les marchés.

DE L'APPROVISIONNEMENT DES MARCHÉS.

Chaque province où il se fait habituellement des engrais approvisionne dans son temps et à une époque régulière, ce qui donne d'assez grandes variations.

Cet approvisionnement se fait premièrement par les propriétaires ou par les commissionnaires, ce qui est bien différent, ensuite par les marchands forains que l'on nomme dans le commerce chalonnier ou regratiers et enfin par des marchands associés et quelques marchands isolés. Tous ces marchands fréquentent les foires et marchés des diverses provinces dans la saison où les bestiaux sont en état d'être livrés à la consommation.

Comme le nombre des bestiaux mis à l'engrais chaque année est considérable, il en est dans ce nombre qui ne réussissent pas. Ceux qui achètent les bestiaux maigres de toute espèce pour mettre à l'engrais, ne connaissent pas toujours à la vue, parce que cela est difficile pour beaucoup de monde, même pour les plus instruits, les vices intérieurs de constitution, les maladies héréditaires ou chroniques.

Il en résulte que ceux des bestiaux qui sont atteints de quelque vice, ne prospèrent point lorsqu'ils ont pris une nourriture forte et abondante. Loin de croître et d'engraisser, leur déperdition augmente, et les premiers bestiaux que l'on envoye sur les marchés sont toujours accompagnés de quelques uns de ces misérables animaux.

Les personnes qui ont l'habitude des marchés connaissent la manière dont chaque boucher fait ses achats. Dès la veille et le jour du marché, avant son ouverture, chaque vendeur cherche à faire la rencontre des marchands bouchers auxquels sa marchandise peut convenir. Ils disent à celui qui tient les viandes de première qualité : « J'ai deux bœufs parfaits, très-gras, qui feront votre affaire, » je vous les vendrai. » Ils proposent la deuxième qualité à un autre boucher, et enfin, pour la troisième qualité, ils accostent un fournisseur des hospices, et cherchent à le séduire par le bon marché qu'ils lui feront de leurs mauvais bestiaux, parce qu'un marchand ne peut espérer de vendre à un prix élevé à ces fournisseurs, car les marchands de bestiaux savent tous, parce qu'ils ont grand soin de s'en informer, à quel prix l'adjudication des viandes a été faite au renouvellement de l'année, et quels sont les adjudicataires. Il y a toujours de ces marchands présens à l'adjudication, et dès le même jour ils écrivent à leurs associés ou correspondans qui sont dans les provinces, en les informant très-exactement du prix et de toutes les obligations imposées à l'adjudicataire, de manière que l'herbager, l'agriculteur peut savoir d'avance là où il pourra placer ses bestiaux de qualité inférieure. Le marchand qui court les previnces, qui est exposé à perdre des bestiaux, et qui fait de grands frais de transport et de conduite tant pour les hommes que pour les bestiaux, est obligé de se rembourser de ses avances et de l'intérêt de ses capitaux sur l'achat du bétail de qualité médiocre. Je dis qu'il doit les prendre sur l'acquisition, car le prix de l'adjudication des viandes donne celui que le propriétaire doit espérer de la vente de ceux qu'il doit présenter sur les marchés de la capitale; indépendamment de ces frais, il est encore d'autres frais à prélever par le marchand boucher fournisseur qui sont communs à toute la boucherie de Paris, tels que les droits d'entrée, de la caisse de Poissy, qui pèsent beaucoup plus sur les bestiaux inférieurs par la raison qu'ils sont par leur mauvais état d'un poids bien moindre que ceux de bonne qualité. Vient ensuite le droit d'abattage et celui sur la fonte des suifs, ceux de manutention, cuisson des tripes, etc., etc.

La viande est payée au boucher fournisseur d'après l'adjudication de six à sept sous la livre. Les frais et charges dont je viens de parler s'élèvent à plus de 3 sous par livre, ainsi que le prouve le compte qui en est établi dans le mémoire du syndicat de la boucherie de Paris, du 22 décembre 1822, présenté à son excellence le ministre de l'intérieur.

On peut se faire une idée du désavantage que ce système de vente d'une assez grande quantité de bestiaux présente à l'agriculture en général, système d'autant plus fâcheux qu'il est en usage partout où il y a des établissemens publics.

Ce système est encore plus désastreux pour les malades dans les hôpitaux.

DANGERS DU SYSTÈME D'ADJUDICATION AU RABAIS DES FOURNITURES AUX HOSPICES, EN CE QUI CONCERNE LES ALIMENS.

La fourniture des viandes mises en adjudication au rabais s'élève à plusieurs millions de livres pour Paris (viandes de boucherie, bœuf, veau et mouton).

Je dois faire remarquer qu'il se consomme du veau, car je pense que les médecins ordonnent, là comme ailleurs, des boissons d'eau de veau pour certaines maladies, comme ils peuvent prescrire l'usage de cette espèce de viande comme nourriture rafraîchissante.

Mais le veau est la viande de boucherie la moins bonne, la plus difficile à se procurer. Le choix en est également difficile, parce que les qualités sont presque toujours assez médiocres. Cette viande est peu substantielle et difficile à digérer comme celle de tous les animaux pris à la mamelle, et l'on ne doit en prescrire l'usage aux malades qu'avec beaucoup de circonspection.

Il en meurt beaucoup dans les voitures qui les transportent, le voyage les fatigue beaucoup, leur donne la fièvre et souvent des inflammations. Il en périt aussi beaucoup dans les abattoirs, surtout dans les temps de chaleur. Une grande partie de ces animaux morts ou mourans est livrée à la consommation, encore bien qu'ils puissent faire beaucoup de mal; pour les avoir bons, ils coûtent fort chers : que l'on consulte la mercuriale, l'on trouvera le prix du veau sur pied beaucoup trop élevé, pour espérer, d'après le prix qu'on paye la viande au fournisseur, de l'obtenir bonne ou au moins assez bonne pour s'en servir sans danger pour des malades.

On répondra sans doute que le veau fourni aux hôpitaux est assez bon, que le fournisseur en donne le moins qu'il peut, et qu'il se remplit de la perte qu'il fait sur cet article, sur les autres parties de la fourniture.

Je ferai observer que les autres parties de cette fourniture étant déjà trop défectueuses ne peuvent supporter la moindre réduction, et que le mal que n'aurait point produit le veau viendrait accroître celui des autres portions de la fourniture.

Comme j'ai été le témoin continuel des acquisitions d'une grande partie de ces fournitures, je ne crains pas d'être contredit. Je dis une grande partie, parce qu'il se fait beaucoup de ces achats hors des marchés où se vendent les bestiaux. Il s'achète des viandes dans les abattoirs, dans les halles et marchés de la capitale, dans les étaux particuliers; partout enfin où ces fournisseurs peuvent avoir les choses au plus bas prix possible.

Voici les causes qui procurent ce bas prix aux fournisseurs, chez leurs confrères, dans les abattoirs, dans les halles et marchés, etc.

Avant l'ouverture des marchés de Sceaux et de Poissy, un inspectour de l'administration de la police examine les bestiaux exposés sur le marché, marque et renvoie ceux dont il croit devoir empêcher la vente. Ce jugement est sans appel de la part des vendeurs, par la raison toute simple qu'il est presque généralement sans effet.

Ces bestiaux, quoique prononcés de renvoi, retournent rarement dans leur pays, et n'en sont pas moins vendus à des bouchers hors des marchés. Les bouchers acquéreurs de ces mauvais bestiaux sont presque généralement des bouchers forains du département de la Seine, qui approvisionnent les halles et marchés de la capitale, et comme ces bouchers ont le droit de vendre leurs viandes par pièces ou quartiers aux bouchers de Paris, ils sont très-empressés d'acheter ces mauvais bestiaux, que l'inspecteur de la police avait jugés hors d'état d'entrer dans la consommation de Paris.

Les bouchers de la campagne qui approvisionnent les halles et marchés et les bouchers de Paris, qui ont assez de connaissances pour distinguer les bonnes viandes d'avec les viandes nuisibles, n'osent pas vendre celles-ci dans leurs étaux pour ne point compromettre leur clientelle. Ils ne peuvent donc les vendre que là où il n'y a point de responsabilité pour eux, soit aux fournisseurs, soit dans les halles et marchés, parce que, dans l'un comme dans l'autre cas, ils n'ont aucun ménagement à garder.

Ils n'est pas difficile de croire que, dans un aussi grand nombre de bestiaux, il doit toujours s'en trouver qui soient atteints de vices nuisibles, indépendamment de ceux qui peuvent résulter de la fatigue d'une longue route, qui leur cause des maladies plus ou moins dangereuses, et qui souvent leur donne la mort.

Je ferai encore remarquer qu'il y a de ces maladies accidentelles qui portent avec elles une si grande malignité, qu'il arrive trop souvent que l'homme qui tue l'animal pour éviter sa mort naturelle et sauver les viandes, reçoit lui-même le coup de la mort en lui ouvrant la veine. Les secours de la médecine sont presque toujours insuffisans dans ce cas, et il périt dans les 24 heures (1). Ces accidens ne sont que trop communs. D'autres bestiaux,

(1) Je pense que la substance du bœuf est celle qui s'identifie le mieux à la nôtre, et qui peut lui rendre les meilleurs services, lorsqu'elle est bonne

également atteints de maladies accidentelles, donnent aussi la maladie du charbon, même en prenant les plus grandes précautions.

J'ai aussi la preuve qu'une mouche qui sort de piquer un animal atteint de maladie, et qui vient se poser sur la main ou la figure, donne le charbon. C'est par ce motif sans doute que, dans les provinces, l'autorité obligeait anciennement les propriétaires, lorsqu'il régnait des maladies contagieuses parmi les bestiaux, à les enterrer, aussitôt morts, très-avant dans la terre, avec défense de les dépouiller pour en sauver le cuir ou la peau. Enfin, il est à remarquer que ces maladies pestilentielles frappent très-souvent les meilleurs bestiaux. Plus le bœuf abonde en substance, plus il est exposé à en être atteint.

Tous ces animaux morts de maladies accidentelles n'entrent pas tous dans la consommation, grâce à la loi qui oblige le vendeur à garantir ses bœufs pendant neuf jours. Mais les moutons, les veaux qui périssent naturellement, sont presque généralement consommés, pacre qu'il n'y a point de garantie pour ces deux espèces, ou plutôt parce qu'un employé de la police ne dresserait point de procès-verbal pour raison de garantie à ce sujet.

Que fait le boucher auquel il arrive de ces accidens qui retombent à sa charge? il n'ose vendre ces mauvais bestiaux dans son étal, il s'en défait à vil prix, trop heureux de trouver des acheteurs!

Les bouchers ont sans doute grand intérêt à ne point prendre de bestiaux qui soient atteints de maladies; mais, comme je l'ai déjà dit, il faut de grandes connaissances pour discerner à la vue les maux internes d'un bœuf. Ce n'est qu'à l'abattage et au dépècement de l'animal que l'on peut reconnaître ces vices, et ce n'est

---

et d'un bon choix, comme aussi lui faire le plus grand mal, lorsqu'elle est vicieuse.

Je dois dire aussi en passant que l'estomac du bœuf, que l'on appelle tripe ou gras-double, qui est fort bon à manger, et dont il serait à désirer que la consommation fût plus grande à Paris, comporte une substance tellement bonne que je la nomme l'ami et le restaurateur de notre estomac, si elle est bien préparée et d'un bon choix. La médecine est bonne à consulter sur ce sujet.

qu'après une longue pratique que l'on peut préjuger de l'effet de ces divers alimens. Il entre une énorme quantité de viande morte dans Paris; qui l'inspecte? Je l'ignore: peut-être le commis des barrières, dont les connaissances sont aussi peu étendues que celles des employés de la police. Pour inspecter, il faut connaître, ou l'on donne accès aux abus les plus dangereux.

Dans cet état de choses, l'on voit que le fournisseur trouve hors des marchés, où il devrait nécessairement s'approvisionner, des viandes mortes qui accroissent le mal déjà assez grand par lui-même, des individus qui sont obligés de faire usage de ces funestes alimens.

Je le demande maintenant: croit-on bien soulager les pauvres malades en leur donnant une semblable nourriture?

Avant d'être à même de faire ces appréciations en parfaite connaissance de cause, il m'est arrivé de vendre des viandes de la qualité desquelles j'étais incertain. Mais le lendemain le consommateur m'en faisait de vifs reproches, et il avait raison.

J'estime que les maladies contagieuses qui se manifestent à bord des vaisseaux ou ailleurs, proviennent, en grande partie, des viandes insalubres et de mauvaise qualité dont on fait usage.

Il y a plus: il ne faut pas croire qu'il n'y a que des animaux malades ou morts naturellement qui peuvent faire mal. Il en est dont la maladie n'est que passagère, et n'est l'effet d'aucun vice dangereux. On peut les abattre et s'en servir sans danger. Il en est d'autres au contraire qui paraissent bien portans et très-vivaces, qui ont cependant des vices beaucoup plus nuisibles. Comme il y a également un certain nombre de ces vices qui ne produisent que de légères commotions aux personnes jouissant d'une bonne santé, mais pour un malade, un convalescent, un vieillard, il y aurait imprudence à s'en servir.

Je demandais un jour à un chimiste très-connu, qui a fait de nombreuses expériences sur les viandes considérées comme insalubres sous le rapport de leur putréfaction, ce qu'il pensait de ces vices nés du bétail. « Je puis, m'a-t-il répondu, désinfecter les » viandes, et en rendre utiles les sucs s'il en existe encore qui ne » soient pas détruits; mais, quant au principe substantiel qui ré- » sulte de l'état sanitaire de l'animal, le vice et la substance ne faisant qu'un, il n'y a que deux moyens de se préserver de » leurs dangereux effets. On peut les paralyser par la division, » ou, si l'on veut détruire entièrement le vice, on détruira aussi » la substance. Autant vaut n'en point faire usage. »

Je dis que si le système des adjudications au rabais est reconnu bon et avantageux, on peut le suivre pour ce qui concerne l'habillement, la chaussure, le chauffage, etc.

Mais j'affirme qu'il est dangereux et inhumain à l'égard des alimens, et surtout ceux qui sont de première nécessité, dont on fait usage tous les jours; qu'il peut causer des maux incalculables. Je suis persuadé des bonnes intentions de ceux qui ont introduit ce système, et de ceux qui le suivent encore aujourd'hui. Mais il n'en faut pas moins reconnaître que ce principe est vicieux sous tous les rapports, tant pour la santé des hommes que pour l'économie que l'on en espère.

Il serait facile de remédier à ces deux inconvéniens, mais c'est à l'autorité à y pourvoir, et j'ai la confiance que mes observations fixeront son attention sur un point si important à la santé des pauvres malades.

RÉFLEXIONS SUR L'INTRODUCTION DU SYSTÈME D'ADJUDICATION AU RABAIS DANS LES FOURNITURES A LA MAISON DU ROI.

Je vais dire maintenant ce que je pense à l'égard de ce système de fourniture pour la maison du roi.

Au printemps de 1821, j'ai eu l'honneur d'être invité par M. Mabile, maître d'hôtel de la maison du roi, à concourir avec plusieurs de mes confrères à la fourniture, *par soumissions au rabais*, des viandes de boucherie qui se consomment dans la maison du roi. Après avoir pris connaissance de la composition du service, voici les observations que je fis à M. Mabile, et ce qu'il m'a répondu :

« Je crois, Monsieur, que c'est faire une véritable injure aux » français que de mettre la nourriture de leur roi au rabais. Il me » semble que rien ne peut être trop bon pour lui; je croyais au » contraire que les choses les meilleures et les plus saines devaient » être recherchées pour son usage, sans aucun égard pour le prix!

» Ne craignez-vous pas de compromettre sa santé? car il ne faut » pas vous y tromper, la fourniture sera toujours en rapport avec » le prix qu'elle sera payée. Si le prix est trop bas, il se rencontrera aussi des viandes de qualité médiocre qui contiendront » des vices nuisibles à la santé. »

M. Mabile me répondit que « dans environ 600 livres de viande » qui se consomment journellement au château, il n'était pas difficile de trouver un bon morceau pour la bouche du roi, que » d'ailleurs la qualité de ces viandes était vérifiée par des contrôleurs de la bouche qui s'y connaissaient. »

Je lui répondis « qu'un animal de médiocre qualité n'avait point » de bons morceaux ». Convaincu sans doute de la justesse de mes observations, il conclut par me dire qu'il exécutait les ordres qu'il avait reçus.

Je ne doute point du zèle et du dévouement de messieurs les contrôleurs de la bouche, mais je ne suis point aussi rassuré sur leurs connaissances. La théorie ne peut rien apprendre de bien solide à ce sujet. Il y a trop de bizarreries dans l'espèce et la nature du bétail, il n'y a point assez de fixité ni de régularité pour les apprécier toutes théoriquement. Ces connaissances ne peuvent s'acquérir que par une longue étude du bétail sous tous les rapports, et le mérite, la valeur de la substance ne peuvent être solidement connus que dans les divers examens que facilitent l'abattage et le dépècement des animaux. Ceci est positif et ne saurait être contesté.

S'il arrivait cependant que les connaissances de MM. les contrôleurs se trouvassent en défaut, ce misérable système d'adjudication aurait compromis la santé du roi et de la famille royale. Car en droit, le prix de la fourniture règle la responsabilité du fournisseur qui ne peut donner et ne donnera jamais au-dessus de ce prix.

Et comme un bon roi ne saurait vivre trop long-temps, j'ajoute qu'il est très-dangereux de faire de si misérables économies sur sa table.

Je n'ai point la pensée de jeter de la défaveur sur les fournisseurs, car leur position est très-difficile. Ce funeste système les place continuellement entre leur devoir et leur intérêt.

Sous Louis XVI et ses aïeux, le boucher, fournisseur de la

maison du Roi, avait le privilége d'acheter ses bestiaux où il lui plaisait. Il n'y avait point d'heure d'ouverture du marché pour lui; il mettait tous ses soins à rechercher les meilleures viandes, et après lui, les meilleurs bestiaux étaient achetés pour le service de l'Hôtel-Dieu.

C'était ainsi que le Roi était servi, et que l'on administrait la charité. Il y a loin des temps anciens aux temps modernes.

J'ai dit la vérité d'après mon expérience. Je n'ai d'autre intérêt que la conservation de notre vénéré monarque, et l'amélioration du sort des pauvres malades. Si j'ai le bonheur de fixer l'attention bienveillante de Leurs Excellences les Ministres de l'intérieur et de la maison du Roi, sur les inconvéniens d'un système aussi pernicieux, tant pour la santé des hommes que pour les intérêts de l'agriculture, je suis très-persuadé qu'il en résultera un meilleur ordre de choses.

RÉSUMÉ.

J'estime que le système d'adjudication au rabais des viandes de boucherie qui se consomment annuellement dans les hôpitaux doit être abandonné, parce qu'il est essentiellement dangereux en ce qui concerne les alimens de première nécessité;

Que la surveillance de toutes les viandes mortes, qui entrent journellement dans Paris, et qui se débitent dans les halles et marchés, ainsi que celles des bestiaux qui s'abattent dans les environs de Paris, et des viandes qui s'y consomment, doit être confiée de préférence à des hommes qui aient des connaissances assez solides pour en apprécier la qualité et les vices. Cette garantie, suivant moi, est très-imparfaite aujourd'hui;

Que la fourniture de la maison du Roi ne devrait plus être mise au rabais comme celle des hôpitaux, parce que ce mode est humiliant pour tout bon Français, et peut compromettre la santé du monarque et de sa famille;

Que, d'après la connaissance que j'ai prise des détails journaliers de cette fourniture, le prix qu'elle est payée, quoique fort élevé en apparence, n'oblige nullement le fournisseur à rechercher avec le plus grand soin les bestiaux les meilleurs et les plus délicats. Ce prix n'oblige qu'à donner de bonne viande, mais non pas celle du premier choix. Une bonne viande peut convenir à un homme qui se porte bien, mais dans un âge avancé, tous nos bestiaux ne conviennent pas. Il en est qui contiennent plus de chaleur que de force nutritive, et ces deux excès sont peut-être bons à éviter.

La nourriture des bestiaux est d'une grande influence sur la valeur de la substance nutritive qu'ils nous donnent. Les bestiaux de tel pays et de telle espèce dont on se serait servi de préférence dans une année d'une température moyenne ne seraient pas ceux dont on se servirait dans une année humide. Dans les années de sécheresse et d'aridité, où les maladies, et notamment celle du sang, font d'assez grands ravages, il faut encore connaître le bétail qui doit être préféré, afin d'éviter les influences malignes, et de se procurer toujours une qualité de viande bonne, saine et régulière.

Je souhaite bien sincèrement que messieurs les contrôleurs de la bouche soient familiarisés avec tous ces détails, mais j'en doute.

Je conclus par faire observer qu'il faut au fournisseur beaucoup plus de latitude dans le prix qu'on ne lui en accorde, si l'on veut qu'il remplisse exactement ses engagemens sans nuire à ses intérêts.

Le transport de nos meilleurs bestiaux est celui qui demande le plus de soins. Il serait nécessaire qu'ils ne fussent pas confondus avec ceux de qualité inférieure, car cela accroît leur fatigue. Bien que l'on prétende que la fatigue bonifie la qualité de la viande, et qu'en Espagne on fait courir les bœufs avant de les abattre, je pense, moi, que les bestiaux en général, notamment nos meilleurs, et principalement encore ceux destinés à la maison du Roi, ne doivent être abattus qu'après avoir été rafraîchis et reposés.

FIN.

www.ingramcontent.com/pod-product-compliance
Lightning Source LLC
LaVergne TN
LVHW012015160826
845678LV00002B/845

* 9 7 8 2 3 2 9 6 6 1 9 9 5 *